开心实验

诱人的美味

李继勇 著 书魔方 绘

远方出版社

图书在版编目（CIP）数据

开心实验.诱人的美味 / 李继勇著；书魔方绘. -- 呼和浩特：远方出版社，2021.7
ISBN 978-7-5555-1573-9

Ⅰ.①开… Ⅱ.①李…②书… Ⅲ.①科学实验—儿童读物 Ⅳ.①N33-49

中国版本图书馆CIP数据核字(2021)第069608号

开心实验·诱人的美味
KAIXIN SHIYAN YOUREN DE MEIWEI

作　　者	李继勇
绘　　图	书魔方
责任编辑	奥丽雅
责任校对	安歌尔
封面设计	宋双成
版式设计	陈美林
出版发行	远方出版社
社　　址	呼和浩特市乌兰察布东路666号　邮编　010010
电　　话	（0471）2236473总编室　2236460发行部
经　　销	新华书店
印　　刷	北京市松源印刷有限公司
开　　本	165mm×235mm　1/16
字　　数	78千
印　　张	5
版　　次	2021年7月第1版
印　　次	2021年7月第1次印刷
印　　数	1—10000册
标准书号	ISBN 978-7-5555-1573-9
定　　价	16.80元

如发现印装质量问题，请与出版社联系调换

主人公

酷博士： 博学，有智慧，风趣幽默，喜欢小动物。淘气猫经常给他添乱，可他一点儿也不生气，真有大家风范。

淘气猫： 酷博士的宠物猫。它调皮好动，机智聪明，对新鲜事物充满强烈的好奇心和求知欲。

目录

给土豆"吃糖" / 1
果汁喷雾器 / 3
自制"鸡尾酒" / 5
酱油和盐水 / 7
会跑的液体 / 9
变来变去的胡萝卜 / 11
会跳舞的葡萄干 / 13
好玩的泡菜汁 / 15
疯狂的爆米花 / 17
比比谁最硬 / 19
换装的大虾 / 21
冻豆腐为什么有那么多的洞 / 23
橘子皮也会燃烧 / 25
软软的胡萝卜 / 27
粘手的饺子 / 29
不会下沉的鸡蛋 / 31
会变形的鸡蛋 / 33
香蕉也会吹气球 / 35
会拍照的苹果 / 37
不会变红的西红柿 / 39

土豆标枪 / 41
谁化得快 / 43
西红柿也能做电池 / 45
被点着的方糖 / 47
牛奶小人 / 49
水果也能去油污 / 51
自制豆腐脑 / 53
能"化胶"的菠萝 / 55
鸡蛋冒汗了 / 57
自制汽水 / 59
小豆子力气大 / 61
筷子竟然能提起米 / 63
会变色的黄豆芽 / 65
会发光的砂糖 / 67
自制吊花 / 69
怎样让柿子变甜 / 71
变色的苹果 / 73
黑蛋变银蛋 / 75

给土豆"吃糖"

2个土豆
白糖
1个盘子
1把刀子

奇妙的实验开始了:

1. 请家人帮忙,将1个土豆放进水里煮几分钟;
2. 将2个土豆的顶部和底部各削掉一片;
3. 在2个土豆顶部各挖一个小洞,洞里放一些白糖,将土豆放在盘子里。

果汁喷雾器

1根吸管
1杯果汁

奇妙的实验开始了：

1. 在家长的帮助下，将吸管从1/3处剪开，折成两部分（不能断成两截），保持直角；
2. 将短的那部分吸管插进果汁里，长的那部分吸管与果汁的表面保持水平；
3. 使劲吹长吸管。

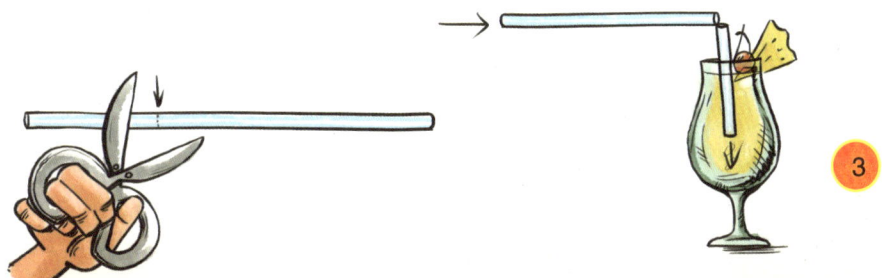

自制"鸡尾酒"

1个玻璃杯
糖浆
高浓度盐水
威士忌
麻油
色拉油

奇妙的实验开始了：

1. 依次将糖浆、盐水、威士忌、麻油和色拉油慢慢地倒入杯中；
2. 观察这5种液体的分层。

色拉油
麻油
威士忌
盐水
糖浆

酱油和盐水

酱油
食盐
2个装满清水的玻璃杯
纸片

奇妙的实验开始了:

1. 往一杯水里加入食盐,至饱和状态,做成一杯高浓度的盐水;

2. 往另一杯水里滴几滴酱油,盖上小纸片;

3. 用手按住纸片,并迅速将装有酱油的杯子倒扣在盐水杯上;

4. 当2个杯子变得平稳后,轻轻抽掉纸片。

淘气猫： 酱油水怎么一点也没沉下去呢？

酷博士： 因为盐水的密度比酱油水的密度大。在上一个实验中，我们知道了密度大的液体会沉在下面，而密度小的液体会浮在上面。盐水的密度大，就沉在下面；酱油水的密度小，就浮在上面，酱油水不会和盐水混合在一起。

会跑的液体

透明胶带 手表

3个纸杯
蜂蜜
1只手表
水
食用油
1个托盘
1把剪刀
1卷透明胶带

奇妙的实验开始了：

1. 在纸杯底部各钻一个小洞，再用透明胶带将小洞粘好；
2. 把纸杯放到托盘里，分别往纸杯里倒入半杯清水、半杯食用油和半杯蜂蜜；
3. 将纸杯底部的透明胶带依次撕开，用手表记下每种液体流光的时间。

水 油 蜂蜜

变来变去的胡萝卜

1根胡萝卜
1把刀子
1把尺子
1个空酒瓶

奇妙的实验开始了：

1. 将胡萝卜轻轻放在空酒瓶上，保持平衡，在平衡点上做一个记号；
2. 将胡萝卜从平衡点处切成两半；
3. 把尺子放在空酒瓶上，保持平衡，再将两段胡萝卜分别放在尺子两端，使其与尺子的中心距离相同。

会跳舞的葡萄干

半杯清水
葡萄干
食醋
小苏打

奇妙的实验开始了：

1. 把葡萄干放入半杯清水里；
2. 往杯子里加2勺小苏打，搅拌均匀；
3. 再往杯子里加2勺食醋。

淘气猫： 快看，葡萄干浮上来了。

酷博士： 哈哈，它们还会跳舞呢！因为葡萄干的密度比水的大，所以它们会沉进水里。当我们把小苏打和食醋放进水里后，小苏打和食醋就会发生反应，生成二氧化碳。二氧化碳会冒出气泡，吸附在葡萄干表面，使葡萄干的浮力增大。当气泡露出水面破裂后，葡萄干会重新下沉，继续吸附气泡。这样反反复复，葡萄干看起来就像在水中跳舞一样。

好玩的泡菜汁

泡菜汁
7个碟子
茶水
小苏打
1杯速溶咖啡

柠檬
橘子
食醋
抗酸药片

奇妙的实验开始了：

1. 将泡菜汁分别滴到7个碟子里；
2. 分别向7个碟子滴入几滴柠檬汁、橘子汁、小苏打、食醋、抗酸药片、茶水和速溶咖啡。

疯狂的爆米花

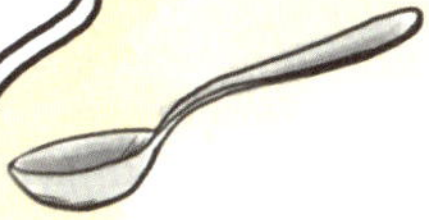

纸巾
大米爆米花
1个浅一点的盘子
1把塑料小勺子

奇妙的实验开始了:

1. 把爆米花放到盘子里,用纸巾反复摩擦小勺子;
2. 把勺子放到爆米花上方。

比比谁最硬

2个核桃
1个生鸡蛋
1个塑料袋

奇妙的实验开始了：

1. 请家长把2个核桃放在手里使劲捏，核桃出现了裂纹；
2. 把生鸡蛋放进塑料袋里，用手使劲捏。

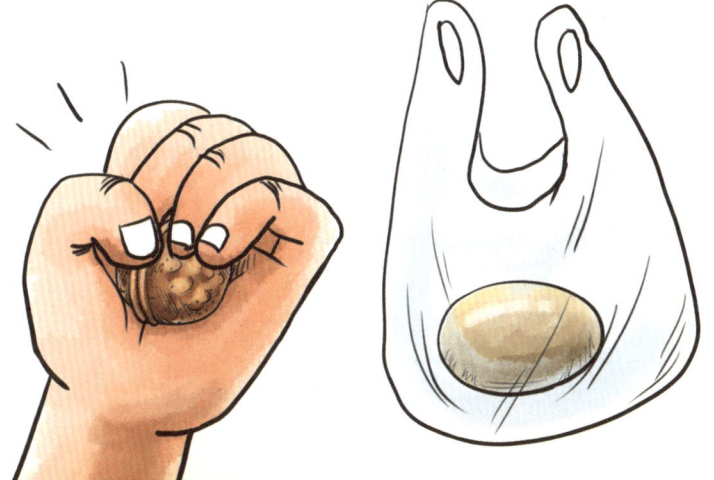

淘气猫： 难道鸡蛋比核桃还硬吗？

酷博士： 不是的。核桃之所以会出现裂纹，是因为我们手部的力量集中到两个核桃的接触点，如果互相挤压，核桃就裂开了。可是，当我们在捏一个鸡蛋的时候，手的力量会变得分散，就不容易捏碎鸡蛋。

换装的大虾

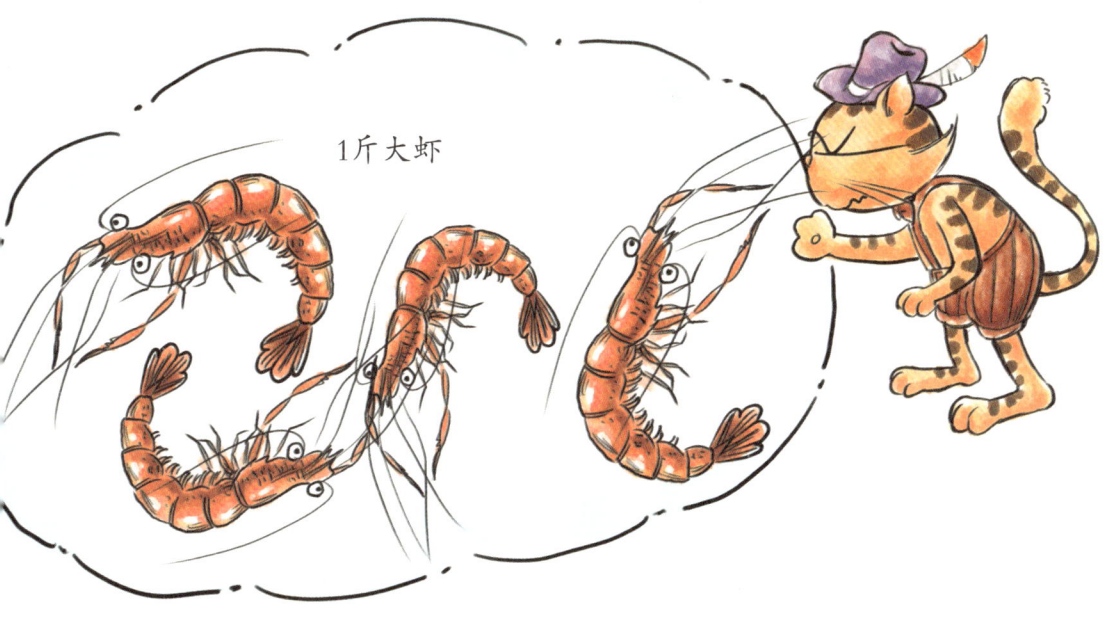

1斤大虾

奇妙的实验开始了:

1. 请家人帮忙,将大虾清洗干净;
2. 在锅里加水,烧开,把大虾放进去。

淘气猫：大虾变红了，这是怎么回事？

酷博士：因为它们热坏了呗，哈哈！刚买回来的虾其实是青黑色的，因为它们的外壳里有很多青黑色的色素。当大虾被放进热水里时，这些青黑色的色素会被高温破坏，而外壳上的那些红色素却不怕热，留了下来，所以大虾就换装了。

冻豆腐为什么有那么多的洞

1块新鲜豆腐

1把刀

1个盘子

奇妙的实验开始了：

1. 请家人帮忙，将豆腐切成几块，放到盘子里；

2. 将豆腐放进冰箱里冷冻；

3. 一天后，将豆腐取出来解冻。

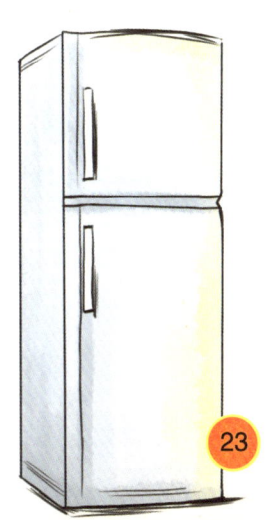

淘气猫：这些小洞洞是什么时候钻出来的呢？

酷博士：就在它们被冻上的时候呗。新鲜豆腐里有很多小洞，洞里面都是水。当我们把豆腐放进冰箱里冷冻时，洞里的水就会结冰。因为冰的密度比水小，所以同样质量的水结冰后的体积就会增加，小洞就被冰给撑大了，这样豆腐也被撑大了。当豆腐被解冻后，冰化成水溜走了，可小洞却再也不能缩小了。

橘子皮也会燃烧

1个橘子
1支蜡烛
1个打火机

奇妙的实验开始了：

1. 将橘子剥开，取出橘子瓣放到一边；
2. 请家长帮忙，点燃蜡烛，捏橘子皮挤出里面的汁液，然后靠近火焰。

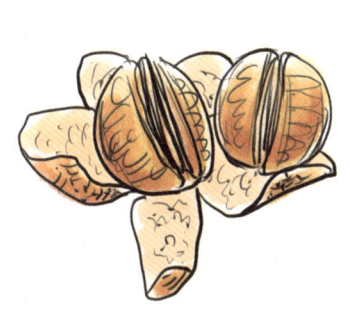

软软的胡萝卜

2根胡萝卜
2个玻璃杯
食盐

奇妙的实验开始了：

1. 往一个玻璃杯里倒入半杯清水，再把一根胡萝卜放进水里；
2. 往另一个玻璃杯里倒入清水，加入一些食盐制成盐水，再将另一根胡萝卜放进盐水里；
3. 2小时后，取出胡萝卜。

粘手的饺子

生饺子

奇妙的实验开始了：

1. 将饺子放进冰箱里冷冻；
2. 1天后，直接用手去拿饺子。

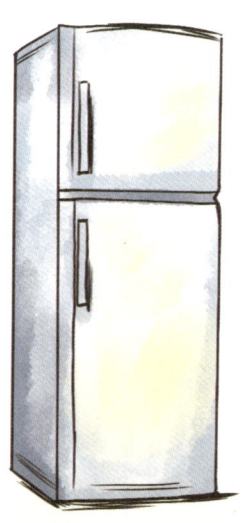

不会下沉的鸡蛋

1个大玻璃杯
1个小杯子
食盐
水
1个生鸡蛋

奇妙的实验开始了：

1. 往大玻璃杯里倒入半杯水，加食盐，直到食盐无法溶解为止；
2. 往小杯子里注满清水；
3. 将小玻璃杯里的水沿着杯壁慢慢倒入大玻璃杯；
4. 把生鸡蛋轻轻放到大玻璃杯里。

会变形的鸡蛋

1个生鸡蛋

食用油

1个和鸡蛋差不多大的方盒

奇妙的实验开始了：

1. 将食用油涂在方盒里面；

2. 请家人帮忙，将鸡蛋煮熟去壳，放进方盒里；

3. 把方盒放进冰箱里冷冻；

4. 等到鸡蛋变硬后，打开方盒，取出鸡蛋。

香蕉也会吹气球

1根熟透的香蕉
1个碗
1个气球
1把勺子
1根绳子
1个可乐瓶

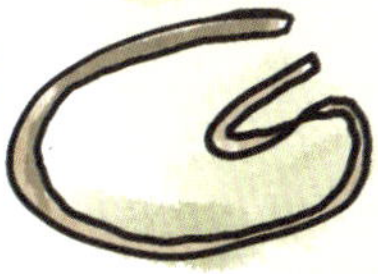

奇妙的实验开始了：

1. 将熟透的香蕉剥开，放进碗里，用勺子捣成泥；
2. 用勺子将香蕉泥装进可乐瓶里；
3. 把气球套在可乐瓶上，用绳子系紧，放在能照到阳光的地方。

淘气猫： 快看，气球一点点鼓起来了。

酷博士： 因为香蕉正在给它充气。香蕉熟透后就会慢慢腐烂，长出很多细菌。这些细菌吸收了香蕉的营养，就会大量繁殖。在这一过程中，细菌会放出气体，气球就一点点鼓起来了。不光是香蕉，其他熟透的水果也能让气球鼓起来。

会拍照的苹果

1张照片底片
1个牛皮纸袋
1棵苹果树
1把剪刀
1个鸡蛋

奇妙的实验开始了：

1. 去苹果园，找一颗青苹果，用牛皮纸袋包好；

2. 一周后，拿掉牛皮纸袋，把照片底片用蛋清粘在苹果上；

3. 在牛皮纸袋上剪一个和底片一样大的口，将苹果再次用牛皮纸袋包好，使底片露在小口上；

4. 一周后，拿掉纸袋，露出苹果，去掉底片。

淘气猫： 看，苹果上有淘气猫的照片呢。

酷博士： 下次也给酷博士做一个吧。告诉你吧，苹果上会出现照片，是因为它里面有花青素。这种花青素可以让苹果由绿变红，阳光可以让这种花青素增多。当照片底片被贴到苹果上后，透明的地方会被照射到更多的阳光，这里的花青素就多；不透明的地方，花青素就少。照片就这样被印在苹果上了。

不会变红的西红柿

1株西红柿
1碗热水

奇妙的实验开始了：

1. 在西红柿植株上找一个青西红柿，将青西红柿放到热水碗里泡3~4分钟，不要摘下来；
2. 将热水碗拿走，几天后，观察西红柿。

土豆标枪

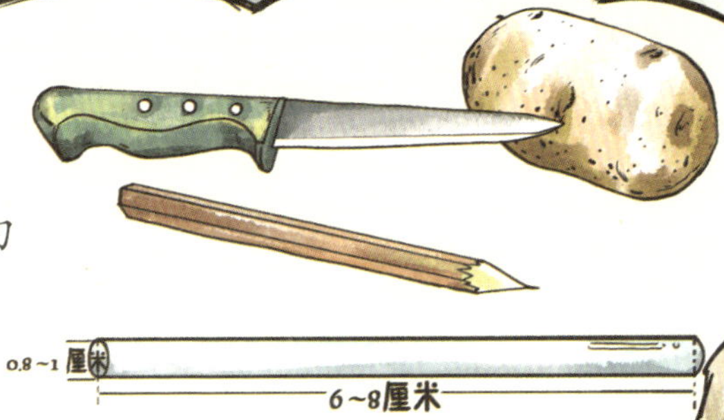

1把水果刀
1个土豆
1支铅笔
1根直径0.8~1厘米、长6~8厘米的玻璃管

奇妙的实验开始了：

1. 请家长帮忙，将土豆切成片，再将玻璃管两端分别插进土豆片里；
2. 取出玻璃管，玻璃管两端已经被土豆堵住了；
3. 找一个目标，用铅笔对准玻璃管一端的土豆，快速向玻璃管的另一端推动。

淘气猫：射中了，射中了！

酷博士：哈哈哈……淘气猫成了神枪手呢！告诉你吧，这个实验不仅简单易做，原理也通俗易懂。当玻璃管两端被土豆堵住时，管里已充满了空气。当你用铅笔快速推动土豆时，玻璃管里的空气会被压缩，并往前冲，这样就把前面的土豆推了出去。

谁化得快

3块糖

3根细线

3个玻璃杯

奇妙的实验开始了：

1. 往3个玻璃杯里分别倒入大半杯水；
2. 将3块糖分别用细线拴住，放入3个水杯里：第一块糖沉到水底，第二块糖悬在水中央，第三块糖悬在水的表面。

西红柿也能做电池

1个大西红柿
1把铜钥匙
1把铁叉子
1个小灯泡

奇妙的实验开始了：

1. 将西红柿捏软，再将铜钥匙和铁叉子分别平行地插入西红柿里，不要全插进去；
2. 过一段时间后，把铜钥匙柄和铁叉子柄分别接到小灯泡的侧边和底部。

被点着的方糖

1块方糖
1个盘子
1个打火机
1点烟灰

奇妙的实验开始了：

1. 请家长帮忙，将方糖放到盘子里，用打火机去点方糖，方糖没有燃烧；
2. 拿起方糖，沾一点烟灰；
3. 请家长帮忙，按下打火机，将火苗对准有烟灰的地方。

牛奶小人

1个玻璃杯
1个奶锅
1只干净的丝袜
1盒牛奶
1把勺子
食醋

奇妙的实验开始了：

1. 请家人帮忙，将牛奶倒入奶锅里加热，在牛奶快要沸腾时关火；
2. 往牛奶里放一勺食醋，搅拌均匀；
3. 当牛奶冷却成胶状后，把干净的丝袜套在玻璃杯上，将牛奶里的固体过滤出来；
4. 用小勺将牛奶的固体压平，做成小人形状，静置几天。

淘气猫： 牛奶为什么会变硬呢？

酷博士： 牛奶里本来就有很多固体小颗粒，平时它们都均匀地分布在牛奶里。但是，食醋能让这些小颗粒集结在一起，形成固体，这就是凝乳，而其余液体就叫乳浆。人们曾经用牛奶来做塑料，就是因为牛奶里有这种物质。

水果也能去油污

1个苹果
1个布满油污的盘子
1把水果刀

奇妙的实验开始了：

1. 请家长帮忙，将苹果切成薄片；
2. 拿起苹果片在盘子上擦一擦。

自制豆腐脑

1杯热豆浆
1袋盐卤
1把小勺

奇妙的实验开始了:

1. 往豆浆里加入一勺盐卤,热豆浆表面会慢慢凝固;
2. 继续往热豆浆里添加盐卤,使豆浆渐渐凝固。

淘气猫：哟，好烫啊，不过还挺好吃的。

酷博士：要小心呀！豆浆里的蛋白质很多，把盐卤放进豆浆后，盐卤首先会在水中被电离成带正电的镁、钙等金属离子和带负电的氯离子。如果蛋白质带正电，氯离子就会到蛋白质旁边与正电荷形成固体胶粒，而钠离子也会与蛋白质周围的负电荷形成胶粒。胶粒越来越多，就会浮上来，成了豆腐脑。

能"化胶"的菠萝

1个菠萝
1把刀
2个玻璃碗
1袋无味凝胶粉
1大杯水

奇妙的实验开始了：

1. 把凝胶粉和水按一定的比例混合，放到2个玻璃碗里，然后放到冰箱里冷藏；
2. 过一天后，取出玻璃碗，将一片菠萝放到其中一碗凝胶里；
3. 再过一天后，观察两碗凝胶。

鸡蛋冒汗了

1口小锅
1小堆沙子
1个生鸡蛋
1个电磁炉

奇妙的实验开始了：

1. 把沙子放到锅里，再把鸡蛋的大头埋到沙子里，将小头露出来；
2. 请家长帮忙，给锅加热。

自制汽水

1个柠檬
1台水果榨汁机
1个玻璃杯
发酵粉
1把勺子
糖
1把水果刀
凉开水

奇妙的实验开始了：

1. 请家长帮忙，将柠檬切片，再用榨汁机榨好汁，倒进玻璃杯里；
2. 往杯里加入与柠檬汁同样多的水；
3. 往杯里加入1勺发酵粉和1~2勺糖，搅拌均匀。

小豆子力气大

干黄豆
1个带盖的玻璃瓶
水

奇妙的实验开始了：

1. 把干黄豆装进玻璃瓶里，使干黄豆占玻璃瓶的3/4即可；
2. 往瓶子里倒满水，拧紧盖子；
3. 如果水被黄豆吸收了，就继续倒满水，拧紧盖子。

筷子竟然能提起米

1个塑料杯
1根竹筷
米

奇妙的实验开始了:

1. 把米倒入塑料杯,装满,用手使劲按一按;
2. 将竹筷从指缝中插进去;
3. 用手轻轻提起竹筷。

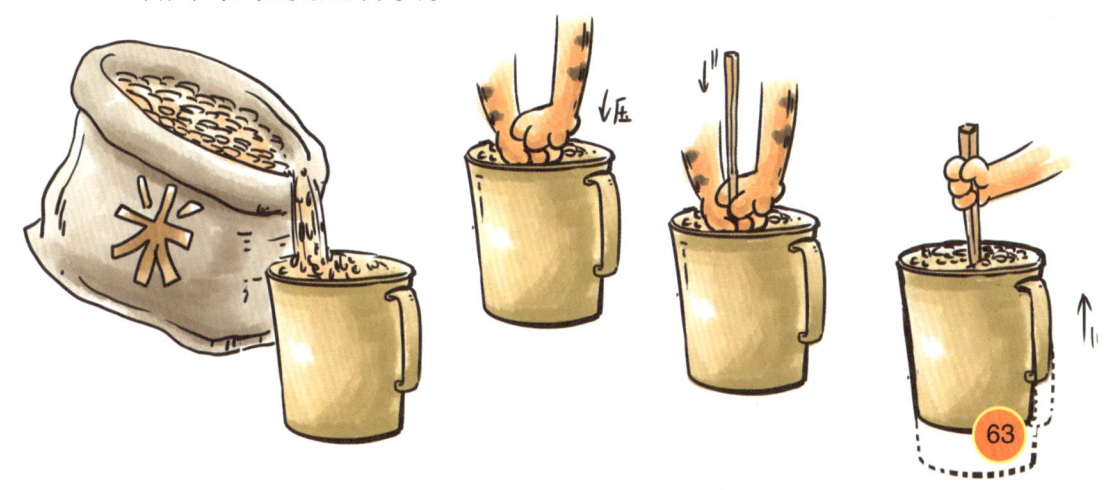

会变色的黄豆芽

2个碟子
1块布
几十根黄豆芽

奇妙的实验开始了：

1. 将黄豆芽分成2份，分别装到2个碟子里；
2. 将一个碟子用布蒙好，不要被阳光照射到；
3. 将另一个碟子用布蒙好，放到阳光下；
4. 过2天后，打开布，观察2碟豆芽的颜色。

。。。过2天后观察。。。

会发光的砂糖

白砂糖
瓷碗
汤勺
小木棍

奇妙的实验开始了：

1. 找一间黑屋子，或者将窗帘拉上，关上灯；

2. 往瓷碗中放入2~3勺白砂糖；

3. 用小木棍慢慢研磨白砂糖，逐渐加快速度。

自制吊花

- 1个红皮萝卜
- 1个洋葱
- 1根尼龙绳

奇妙的实验开始了：

1. 请家长帮忙，将萝卜从中间切开，保留有叶子的那一半；
2. 将这半个萝卜挖成一个小碗；
3. 把洋葱的老皮剥下来，根部朝下放到萝卜里；
4. 用尼龙绳做成环状，套在萝卜小碗上，挂起来，往里面加水。

怎样让柿子变甜

几个生柿子
几根熟透的香蕉
1个塑料袋

奇妙的实验开始了：

1. 将生柿子和熟香蕉放到袋子里，系好袋口；
2. 几天后，取出柿子，尝一尝。

淘气猫： 柿子真甜，可前几天它还涩得要命呢。

酷博士： 这是因为熟透的水果里含有乙烯气体，可以催熟柿子。只要我们把生柿子和熟透的香蕉、苹果或者梨放到一起，几天后，生柿子就会被催熟。但是，这种催熟的柿子要少吃，因为它并不是自然成熟的。

淘气猫： 可我已经吃了一整个，没事吧？

变色的苹果

1个苹果
2个盘子
高浓度盐水
1把水果刀

奇妙的实验开始了：

1. 请家长帮忙，将苹果去皮，平分成8份，放到2个盘子里；
2. 在一个盘子里倒入盐水；
3. 5分钟后，观察苹果的颜色。

淘气猫：没泡盐水的苹果怎么变颜色了？

酷博士：苹果里含有茶多酚、氧化酶和过氧化氢酶等物质，这些物质与氧气相遇后，就会发生反应，生成一种褐色物质，苹果就变色了。而泡过盐水的苹果，表面不会马上遇到氧气，也就不容易变色。

淘气猫：变色苹果会不会更好吃呢？

黑蛋变银蛋

1个熟鸡蛋
1根蜡烛
1根筷子
1个打火机
1杯水

奇妙的实验开始了：

1. 请家长帮忙，用打火机点燃蜡烛；
2. 把筷子插进鸡蛋里，放在蜡烛上烤；
3. 等鸡蛋变黑后，把它放进有水的杯子里。

淘气猫：难道鸡蛋和水发生反应了？怎么从黑蛋变成银蛋了？

酷博士：告诉你吧，黑蛋还是黑蛋，并没有变成银蛋，只是光线欺骗了你的眼睛。你看，光线从侧面经过鸡蛋的黑色会发生全反射，鸡蛋看上去就变成银色的了。

淘气猫：我又被骗了！